KB241319

배고플 때 만나

김미주 지음

팜파스

 Prologue

 어렸을 때부터 손으로 조물락조물락 만드는 걸 좋아했던 나는 그림을 곧잘 그리고 만들기도 잘해 손재주 좋다는 말을 많이 듣곤 했다. 손으로 만드는 건 웬만하면 다 자신 있었지만 유일하게 자신 없던 하나가 바로 요리.

항상 엄마가 차려준 밥상만 먹고, 집에 밥이 없으면 사먹기 일쑤였던 나는 자취를 시작하기 전까진 쌀 한 번 제대로 씻어보지도 않고 라면 한 그릇 제대로 끓이지도 못했다.

그래도 먹는 건 워낙 좋아해서 끼니를 걸러서는 안 되고 늘 맛있는 음식을 먹어야만 했던 나.

매일매일 사먹는 요리가 지겨워져 인터넷을 뒤져 글로 요리를 배웠다.

쉬운 레시피부터 차근차근 시작하다 보니 꽤 즐거워진 요리생활.

어느 순간 어렸을 때 뭔가를 조물조물 만들었던 때처럼 요리에 집중하는 나를 발견하게 되었다.

글로 배운 요리라 실패한 적도 있었고 말도 안 되는 요리를 만든 적도 있었지만, 이제는 나만의 레시피가 담긴 요리도 개발했고 어디 가면 '요리 잘한다!'란 말도 듣는다.

매일매일이 '오늘은 뭘 해먹지?'란 생각으로 가득하던 어느 날 
항상 그랬던 것처럼 오늘 먹을 요리 레시피를 연습장에 그리기 시작했다.

그렇게 하나하나 쌓인 그림 레시피가 어느덧 많아져 블로그에 하나하나 포스팅 하기 시작했다.

좀 더 쉽고 간편하게, 알아보기 편하게, 그리고 예쁘게!

이 책은 내가 5년 동안 자취를 하며 배운 간편 요리의 노하우가 그림으로 그려져 있다. 별 것 아닐 수도 있지만 아직 요리가 어려운 혼자 사는 사람들에게는 분명 도움이 될 것이리고 생각한디.

보글보글~ 탁탁탁!
지글지글~ 후르륵~ 짭짭.

내가 그린 그림 요리에서 맛있는 소리가 들리길 바라며!

 Contents

PART 5
평범한 듯 특별하게!

PART 6
눈으로 먹어요!

PART 7
마실 가는 날

PART 8
오늘은 귀차니즘

특별하지도 않은 그냥 보통의 날.
먹어도 질리지 않는 소박한 음식들로 내 식탁을 꾸며보자.
아무 일도 없는 보통의 날!

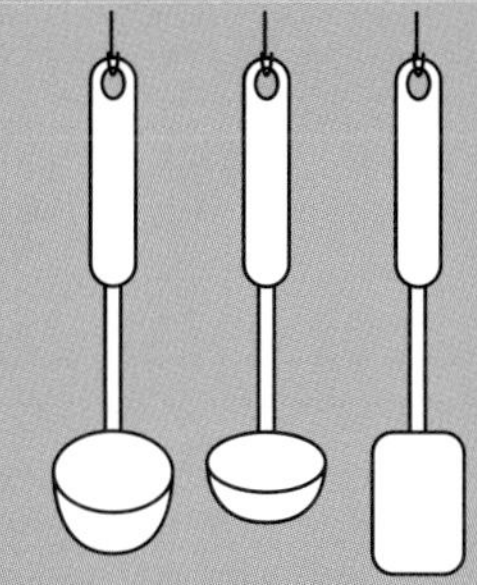

보통의 취향

햄맛살 계란말이

매일 먹어도 질리지 않을 것만 같은 계란말이.

노릇하게 구운 계란말이의 매력은 남녀노소 세대를 넘나든다.

계란만 넣어 부드럽고 푹신한 계란말이도 최고지만, 가끔은 특별하게 포인트를 주고 싶은 날도 있다.

그럴 때는 핑크색 소시지를 넣어 색감을 살리고 달달한 게맛살을 넣어 맛에 개성을 주자.

1 계란을 볼에 넣고 잘 풀어
준다.

2 계란과 햄을 같은 크기로
잘라준다.

3 팬에 기름을 두른 후 계란
물을 붓고 약한 불로 익혀
준다.

4 계란이 70~80% 정도 익
으면 게맛살과 햄을 올려
모양을 잡아 말아준다.

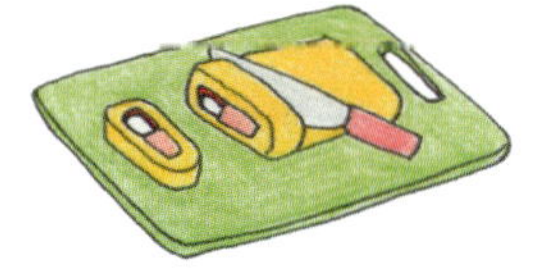

5 적당한 크기로 잘라준다.

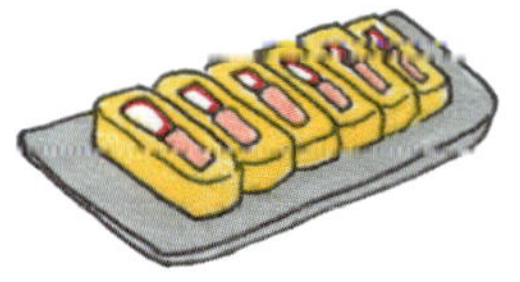

6 완성!

게맛살 볶음

처음 자취를 할 때만 해도 요리가 매우 서툴렀다.

그때 만들어본 게맛살 볶음은 말 그대로 '착한 요리'였다.

그 흔한 칼질 한 번 없이 결대로 쭉쭉 찢어내는 재미에 손맛도 있다.

밑반찬 만들기 귀찮은 날, 간단하게 도전해보는 건 어떨까?

게맛살

소금

후추

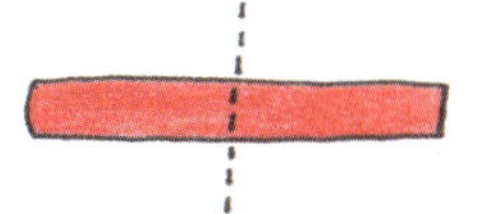

1 게맛살을 반으로 잘라준다.

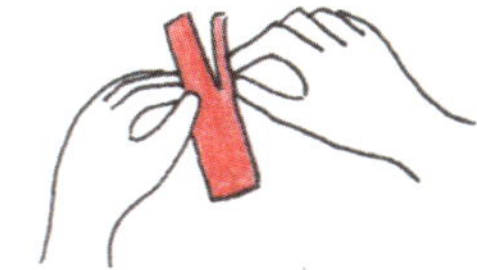

2 게맛살은 결대로 살살 찢어 준다.

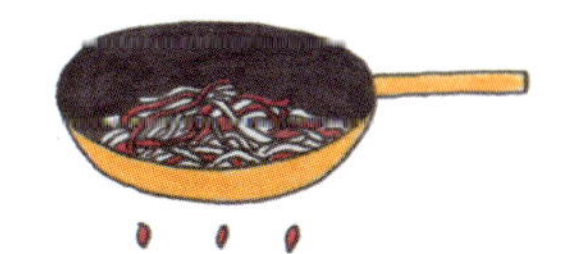

3 달궈진 팬에 약한 불로 게맛살을 살짝 볶아준다.

4 소금과 후추로 간을 해준다.

5 완성!

향긋한 깻잎과 담백한 참치와의 만남

참치 깻잎전

참치전을 처음 만든 건 초등학교 3학년 때였다. 그 시절 내가 유일하게 할 수 있는 요리였다.
매일매일 먹었지만 질리지도 않아서 아직도 난 참치전을 무척이나 좋아한다.
언제 먹어도 담백한 그 맛!

1 깻잎은 물기를 빼두고 다진 양파와 기름기를 뺀 참치를 준비한다.

2 계란을 풀어 다진 양파와 참치를 넣고 치대어 양념소를 만들어준다.

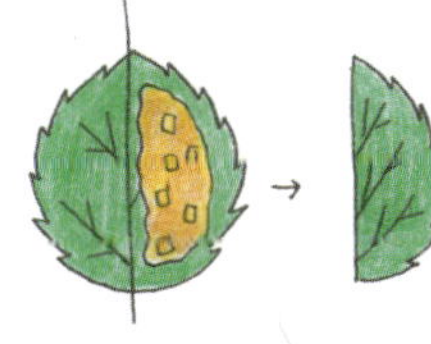

3 깻잎의 한쪽 면에 양념소를 넣어 반으로 접어준다.

4 양념소를 넣은 깻잎에 부침 가루를 앞뒤로 묻혀준다.

5 계란물을 살짝 입혀준다.

6 달구어진 팬에 앞뒤로 노릇 노릇 지져준다.

7 완성!

동그랑땡

내가 아직 꼬마였을 때 동네 단골 제과점 아주머니는 동그랑땡을 자주 해드셨다.

그 전까지만 해도 나는 동그랑땡은 무조건 냉동식품인 줄 알았다.

갈 때마다 하나씩 입에 물려주는 그 수제 동그랑땡이 너무 맛있었다.

동그랑땡 하나로 그 아주머니가 대단한 요리사처럼 보이던 그 시절,

그렇게 어려워 보이던 동그랑땡이 사실 초 간단 음식이었다는 걸 그때는 왜 몰랐을까?

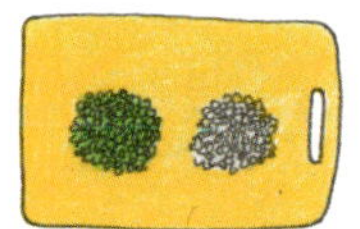

1 대파와 양파를 잘게 다져준다.

2 물기를 뺀 두부와 다진 돼지고기, 다진 야채를 볼에 넣고 끈기가 생길 때까지 치대준다.

3 먹기 좋은 크기로 동그랗게 빚어준다.

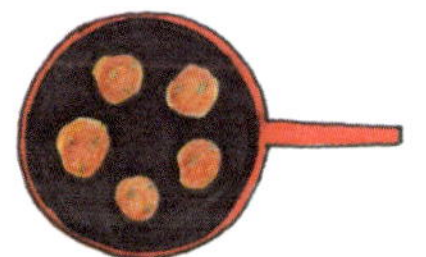

4 계란물을 입혀 약한 불에서 앞뒤로 노릇노릇 지져준다.

5 완성!

tip
반죽을 동그랗게 빚어 냉동실에 보관하면 간편하게 먹을 수 있다.

떡갈비

직접 만들어 먹기에는 정말 어려울 것만 같은 떡갈비.
하지만 떡갈비는 생각만큼 어렵지도 않고, 생각보다 맛내기도 쉽다.
제일 좋은 건 떡갈비 한 장만 있어도 밥 한 그릇 뚝딱 먹기 좋다는 것!

1 다진 소고기와 다진 대파를 볼에 담아준다.

2 다진 마늘 1스푼, 진간장 2$\frac{1}{2}$스푼, 참기름 2스푼, 설탕 $\frac{1}{2}$스푼, 물엿 $\frac{1}{2}$스푼을 넣고 끈기가 생길 때까지 치대준다.

3 먹기 좋은 크기로 빚어준다.

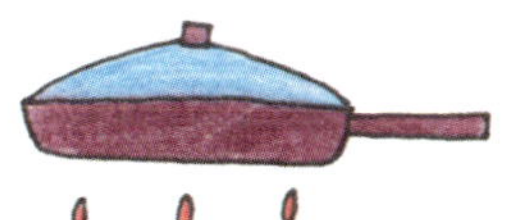

4 약한 불에서 뚜껑을 닫고 구워준다.

5 떡갈비가 80% 정도 익었을 때 양념장(참기름 2스푼+간장 2스푼+물엿 1스푼)을 발라주며 노릇노릇 구워준다.

6 완성!

니쿠자가!

요리를 주제로 한 일본의 영화에 꼭 한 번은 등장하는 일본의 소울푸드, 니쿠자가!

그 맛이 너무나 궁금해서 요리책과 인터넷을 뒤져 만들어보았다.

왠지 하염없이 먹고 싶게 만드는 묘한 매력의 소유자다.

짭짤하고 달달한 게 밥 반찬으로 그만이다.

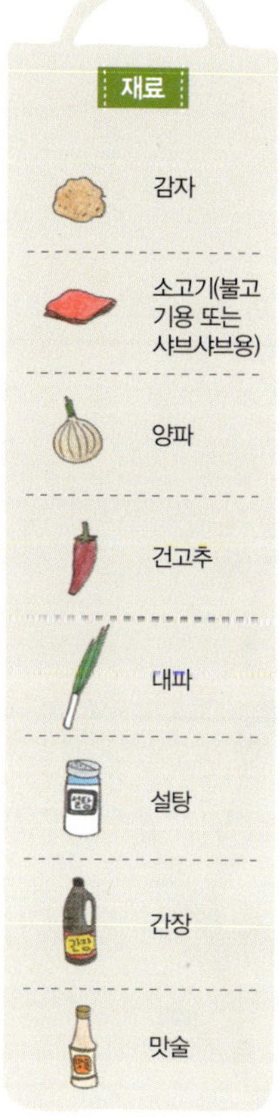

1 껍질을 벗긴 감자를 찬물에 5분 이상 담궈 전분을 빼준다.

2 양파는 먹기 좋게 썰어주고 대파는 채 썰어준다.

3 기름을 두른 팬에 감자를 볶다 감자가 투명해지면 물 $\frac{1}{2}$ 컵을 넣어준다.

4 국물이 끓기 시작하면 소고기를 넣어준다.

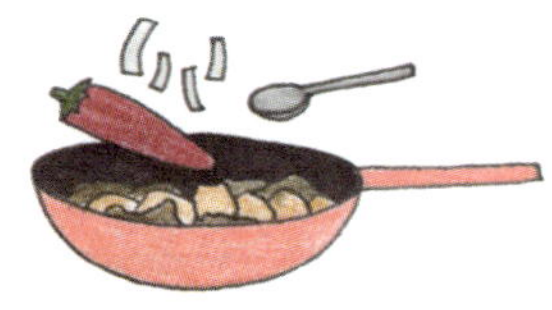

5 감자가 잘 익으면 간장 5스푼, 맛술 1스푼, 건고추, 양파를 넣고 뚜껑을 닫은 후 약한 불에서 자작하게 조려준다.

6 그릇에 담고 대파를 곁들인다.

7 완성!

영화 〈된장〉의 설렘 가득한
된장찌개

그리운 시간이 길어질수록 설렘은 더 쌓여간다.

꽃비가 내리는 날 그곳에 찾아가면 있을 것만 같은 사람.

당신도 그런 사람이 있나요?

된장찌개

보글보글. 탁탁탁! 맛있는 음식은 소리도 맛있다.
누구에게나 추억의 맛으로 자리 잡은 평범한 음식이지만 맛을 내기 가장 어렵고,
어느 집에나 다 있는 음식이지만 제각각 맛이 다른 된장찌개.

1 다시멸치와 다시마로 10분 이상 육수를 우려낸다.

2 국물이 우러나는 사이 호박과 양파, 두부, 대파를 썰어 준다.

3 다시멸치와 다시마를 건져 내고 된장과 고추장을 2:1 비율로 풀어준다.

4 국물이 끓어오르면 호박, 양파, 새우, 두부를 넣어준다.

5 야채들이 익으면 다진 마늘 ½ 스푼, 고춧가루 1스푼, 청양고추 ½ 개를 넣고 한소끔 더 끓여준다.

6 송송 썬 대파를 올려 먹는다.

오늘은 제대로 된 집밥이 그립다.
인스턴트 음식이나 사먹는 음식에 질릴 무렵,
정성 가득 담긴 집밥으로 마음을 채워보자.

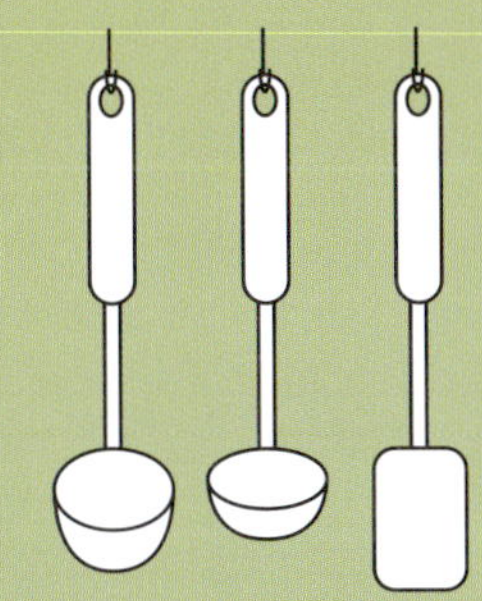

밥 한 그릇 주세요!

계란 간장밥

언제나 부엌 안 한 자리를 지키고 있는 계란과 간장 그리고 버터,
단출해 보이지만 이 아이들의 만남은 기묘하리만큼 맛있다.
이렇다 할 요깃거리가 없는 날, 침대와 한몸이 된 듯 몸이 녹아 내리지만 배는 고픈 날,
느즈막히 일어나 이 소소한 아이들을 꺼내본다.

1 뜨거운 밥에 버터 한 조각
과 간장 2스푼을 올려준다.

2 버터가 녹도록 잘 섞어준
다.

3 계란 프라이는 반숙으로 하
여 올려준다.

4 완성!

오야꼬동(닭고기 계란 덮밥)

처음으로 떠난 외국 여행, 그곳에서 처음으로 사귄 외국인 친구가 해줬던 음식이 바로 오야꼬동이다.
그때는 지금처럼 일본식 식당도 많지 않아 처음으로 맛본 제대로 된 일본 가정식이었는데
내 입맛에 너무 잘 맞아 만드는 방법을 가르쳐 달라고 졸랐다.
그 시절에는 친구나 나나 딱히 요리를 즐기지도 않아 어설펐고, 재료도 없어서 있는 소스로만
간단히 만들 수 있도록 서투른 영어로 가르쳐준 오야꼬동! "아리가또! 이타다끼마스!"

만드는 법

1 양파, 버섯, 닭안심살은 한 입 크기로 썰어둔다. 계란 물을 만들어둔다.

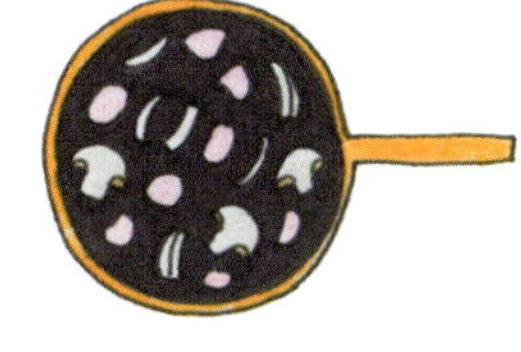

2 기름을 두른 팬에 닭안심 살, 양파, 버섯을 볶아준다.

3 닭고기가 익으면 물 $\frac{1}{2}$ 컵 과 설탕 1스푼, 간장 5스푼 을 넣고 끓여준다.

4 국물이 끓으면 계란물을 천 천히 두르고 약한 불에서 익혀준다.

5 계란이 반 이상 익으면 불 을 끄고 뚜껑을 덮은 다음, 팬에 남은 열로 계란을 익 혀준다.

6 그릇에 밥을 담고 오야꼬동 을 흐트러지지 않게 올려준 다.

7 취향에 따라 무순이나 대파 를 곁들인다.

8 완성!

슥슥 비벼 먹는 따뜻한 고기 덮밥

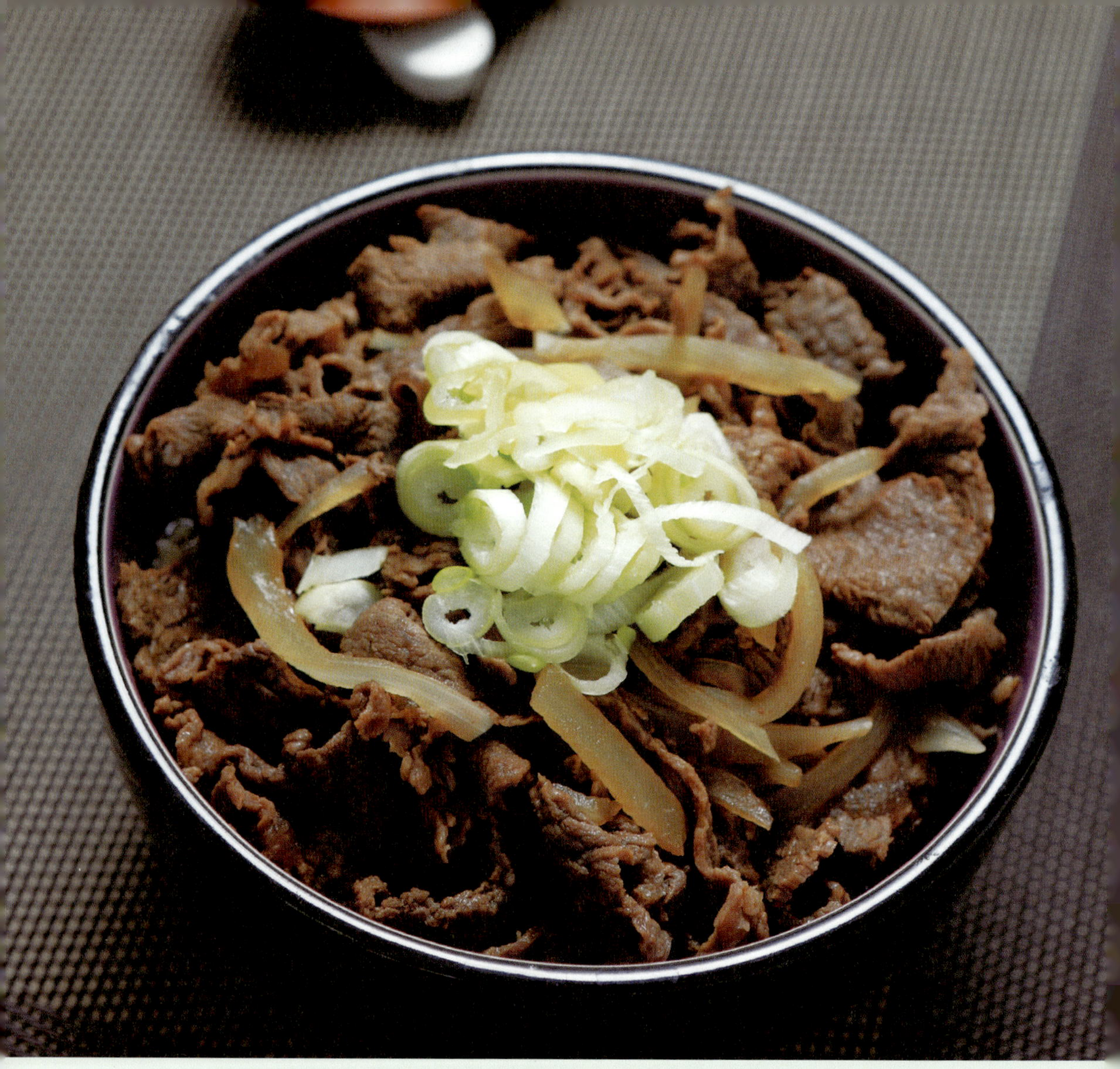

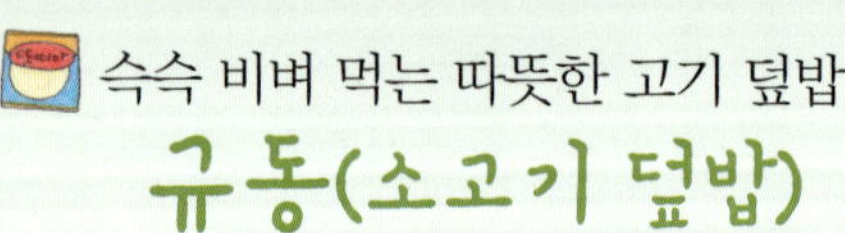

규동(소고기 덮밥)

한국식으로 말하면 소고기 덮밥, 일본식으로 말하면 규동.
시치미와 생강이 있으면 좋고, 물론 계란도 탁 풀어 올리면 좋겠지.
하지만 단출하게 간장 양념을 한 소고기만으로도 밥 한 그릇 뚝딱 할 수 있는 묘한 레시피이다.

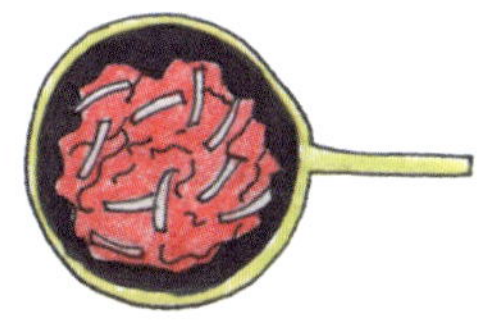

1 양파를 채 썰어준다.

2 팬에 양파와 소고기를 넣고 볶아준다.

3 고기가 익으면 물 $\frac{1}{2}$ 컵과 설탕 1스푼, 간장 5스푼을 넣고 끓여준다.

4 그릇에 밥을 담고 고기를 올린 다음 국물을 조금 넣어준다.

5 대파나 시치미를 곁들인다.

6 완성!

굴소스 새우볶음밥

자취를 하게 되면서 본격적으로 요리에 관심을 됐는데
그때부터 마트에 가면 마치 옷을 고르듯 한두 시간씩 음식 재료 쇼핑을 즐기게 되었다.
그날따라 소스 칸에서 내 눈을 자꾸 홀리게 만들던 굴소스.
어떻게 써야 할지, 어디다 넣어야 할지 몰랐지만 그냥 집어왔던 그 굴소스가
이렇게 매력적이고 풍부한 맛을 지니고 있을 줄이야!

1 칵테일 새우는 미리 해동해 두고, 햄과 양파는 볶음밥 용 크기로 잘라준다.

2 약한 불에서 햄과 양파, 새우를 볶아준다.

3 양파와 새우가 익으면 밥 한 공기와 굴소스 $1\frac{1}{2}$ 스푼을 넣고 센 불에서 빠르게 볶아준다.

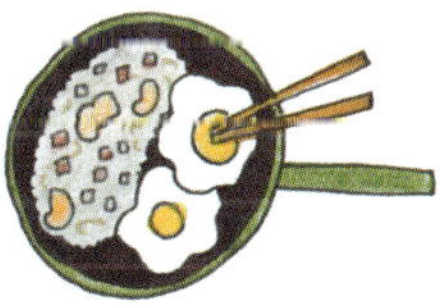

4 볶음밥을 한쪽으로 밀고 계란 2개를 깨뜨려 스크램블 에그를 만든다.

5 스크램블 에그와 볶음밥을 섞고 소금과 후추로 간을 해준다.

6 그릇에 예쁘게 담아준다.

7 완성!

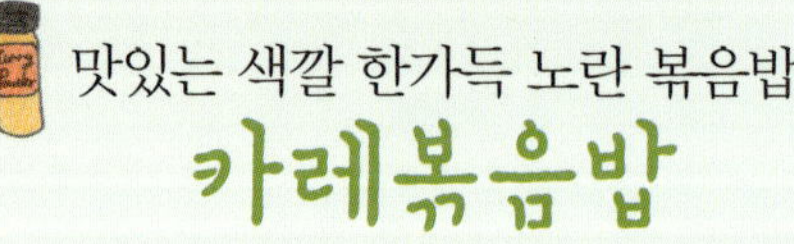

맛있는 색깔 한가득 노란 볶음밥

카레볶음밥

카레는 진득하게 끓여 먹어야만 제 맛인 줄 알았다.
노란 가루를 솔솔 뿌려 볶아 먹는 카레볶음밥은 말 그대로 새로운 경험!
고슬고슬한 밥에 색색의 야채를 넣고 노란 카레 가루를 솔솔 뿌린다.
카레가 지닌 향긋한 향과 달달한 맛에 예쁜 색감이 어우러져
눈과 입이 즐거운 특별한 볶음밥이 완성된다.

1 햄과 양파를 볶음밥용 크기
로 잘라준다.

2 약한 불에서 햄과 양파를
볶아준다.

3 햄과 양파가 익으면 밥과
카레가루를 넣고 센 불에서
빠르게 볶아준다.

4 밥이 볶아지면 계란물을 넣
고 젓가락으로 휘저으며 밥
과 함께 볶아준다.

5 그릇에 예쁘게 담아준다.

6 완성!

〈하울의 움직이는 성〉의
베이컨 계란 프라이

강하지 못한 부분, 숨기고 싶은 부분,

사람은 누구나 연약하다.

추하고 약한 모습까지 있는 그대로 받아줄 수 있는 사람.

가장 숨기고 싶은 부분까지 이해해줄 수 있는 사람.

베이컨 계란 프라이

어렸을 적부터 외국 영화를 보면 꼭 나오는 베이컨과 계란 프라이.
별거 아닌 한 그릇인데 어찌나 맛있어 보이던지
괜히 베이컨을 사와 아침 일찍 그릇에 담던 기억이 난다.
간단하지만 든든하고, 맛있는 아침식사! 아침부터 마음을 풍요롭게 해준다.

1 베이컨을 팬에 구워준다.

2 계란 프라이는 약한 불에서 뚜껑을 덮고 반숙으로 익혀 준다.

3 그릇에 베이컨과 계란 프라이를 담고 밥이나 야채, 빵을 곁들인다.

4 완성!

신선한 야채를 아삭아삭하게 음미하고 싶은 날.
파릇파릇한 야채를 곁들여 식감을 풍부하게 하는
산뜻한 요리에 도전해보자.

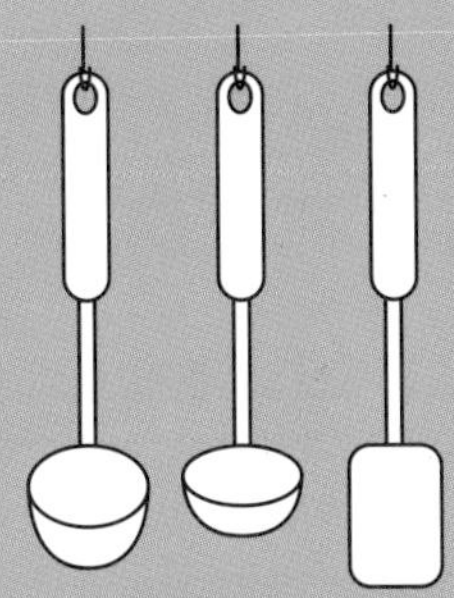

파릇파릇 향긋하게

기분까지 가벼워지는 느낌, 산뜻한 샐러드

연두부 샐러드

차가우면서도 부드러운 그리고 혀끝에서 사르르 녹아 없어지는 연두부.
쌉싸름한 샐러드 야채와 어우러져 풋풋한 맛을 자아낸다.
왠지 상큼한 음식이 먹고 싶은 날, 깨끗한 맛을 느끼고 싶은 날,
부담 없는 산뜻함을 느낄 수 있는 샐러드이다.

1 샐러드 야채와 미니토마토
는 꼭지를 떼고 씻어 물기
를 빼준다.

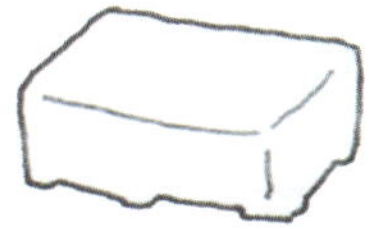

2 연두부는 모양이 흐트러지
지 않게 꺼내 물기를 빼준
다.

3 그릇에 야채와 연두부를 담
고 오리엔탈 드레싱을 뿌려
준다.

4 완성!

소시지 토마토 에그 스크램블

다이어트 요리로 알려져 있지만
입맛에만 맞는다면 한 끼 식사로도 손색없는 요리 토마토 소시지 에그 스크램블.
빨갛게 잘 익은 토마토와 노란 에그 스크램블의 조화만으로도
충분히 맛있는 색을 자아낸다.

1 토마토는 꼭지를 떼 한입 크기로 자르고, 소시지도 칼집을 내준다.

2 소시지는 속까지 잘 익도록 구워준다.

3 팬에 계란을 깨뜨려 넣고 젓가락으로 저어가며 익혀 에그 스크램블을 만들어준다.

4 에그 스크램블이 완성되면 토마토를 넣고 약한 불에서 살짝 볶아준다.

5 소시지아 토마토 에그 스크램블을 그릇에 담아 낸다.

6 완성!

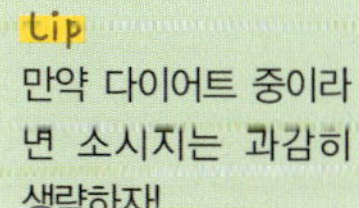

도토리묵무침

도토리묵을 무슨 맛으로 먹는지 몰랐던 어린 시절.
대체 무슨 맛으로 저걸 먹는지 그 맛이 신기하기만 했다.
하지만 어른이 되면서 알게 된 도토리묵의 진한 맛. 탱탱한 촉감에 달콤매콤한 양념!
질리지도 않는 식감이 신기하다.

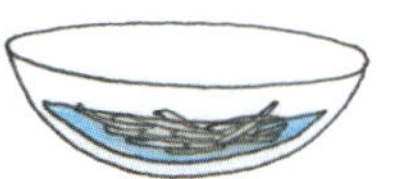

1 채 썬 양파는 찬물에 10분 이상 담궈서 매운 맛을 빼 준다.

2 도토리묵과 부추, 상추를 먹기 좋은 크기로 썰어준 다.

3 간장 1½ 스푼, 고춧가루 1스푼, 식초 1스푼, 다진 마늘 ½ 스푼, 설탕 ½ 스푼, 참기름 약간을 넣어 양념장을 만든다.

4 야채와 양념장을 넣고 먹기 직전에 무쳐준다.

5 그릇에 예쁘게 담아준다.

6 완성!

연두부 샐러드 비빔밥

밥에 비벼 먹으면 왠지 맛있을 것 같아서 그냥 비벼보았다.
상큼한 야채도 넣으면 좋을 것 같아서 새싹도 한가득 넣었다.
짭조름한 양념도 있으면 좋을 것 같아서 살짝 달콤한 양념도 한 스푼 얹었다.
두근두근, 어떤 맛일까?

1 연두부는 적당한 크기로 자르고 샐러드 야채는 물기를 빼놓는다.

2 설탕 $\frac{1}{2}$스푼, 물 5스푼, 참기름 1스푼, 간장 1스푼, 고춧가루 $\frac{1}{2}$ 스푼과 통깨 약간을 섞어 양념장을 만든다.

3 밥 위에 샐러드 야채와 연두부를 올린다.

4 양념장을 곁들여 낸다.

5 완성!

곤약비빔면

갈수록 더워지는 날씨에 먹는 것마저 지치는 한여름.
불쾌지수가 올라가고 잠도 오지 않는 끈적한 밤.
칼로리 부담 없는 곤약면에 상큼한 양념장을 비벼본다.
오늘도 이 밤을 무사히 넘겨야지!

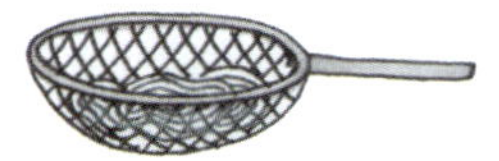

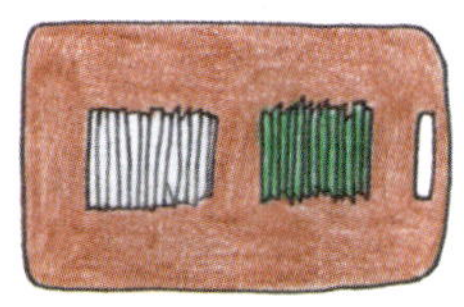

1 곤약면은 찬물에 씻어 물기를 빼준다.

2 배와 깻잎을 채 썰어준다.

3 고추장 2스푼, 식초 2스푼, 물엿 1스푼, 다진 마늘 1스푼, 설탕 $\frac{1}{2}$ 스푼, 사이다 2스푼, 참기름 1스푼을 섞어 양념장을 만든다.

4 곤약면을 양념장에 비벼준다.

5 배와 깻잎을 올린다.

6 완성!

영화 〈카모메 식당〉의
토마토 샐러드

외로움을 나누는 한 가지 방법

마음이 통하는 사람과 함께 나누는 따뜻한 식사.

별다른 말이 없어도 마음이 편안해진다.

토마토 샐러드

잔잔하고 예쁜 요리 영화를 보면 마음이 편안해진다. 〈카모메 식당〉도 그런 영화 중 하나이다.

따뜻한 풍경과 요리들을 보며 "꼭 해봐야지" 했던 요리가 한두 가지가 아니다.

그 중 꼭 해보고 싶었던 요리 중의 하나는 토마토 샐러드였다.

생각했던 것보다 쉽고, 더 상큼했다. 기분까지 좋아지게 만드는 차가운 토마토 샐러드!

1 꼭지를 뗀 토마토를 끓는 물에 살짝 데쳐준다.

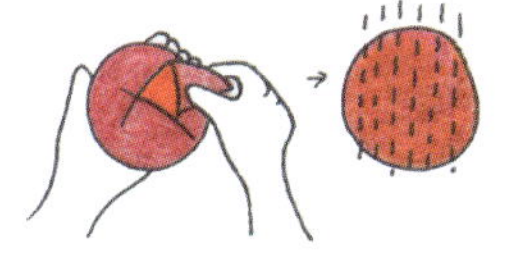

2 데친 토마토의 껍질을 벗기고 슬라이스해준다.

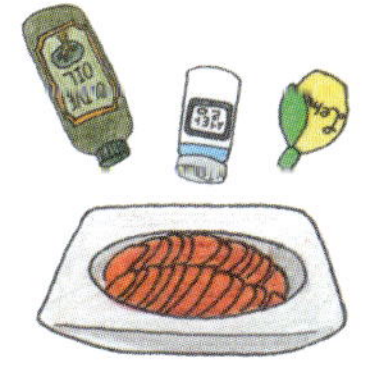

3 올리브 오일 3스푼, 레몬즙 1스푼, 설탕 ½스푼을 섞어 토마토 위에 부은 다음 차가워지도록 냉장고에 20분 이상 넣어둔다.

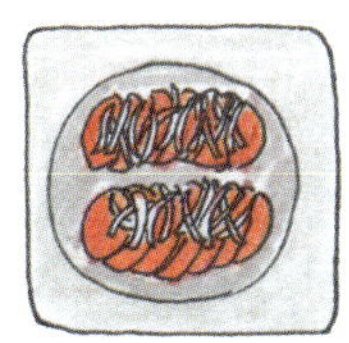

4 차가워진 토마토 꺼내 얇게 슬라이스한 양파를 올리고 소금과 후추를 살짝 뿌린다.

5 완성!

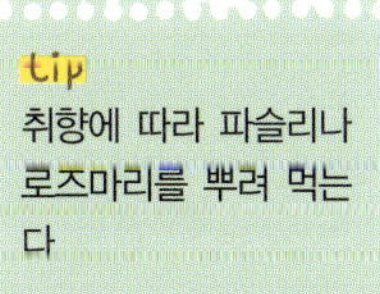

어린 시절 그 음식이 생각날 때가 있다.
그 입맛 그대로 오늘은 그 시절을 떠올리며
간단한 요리로 향수를 자극해보자.

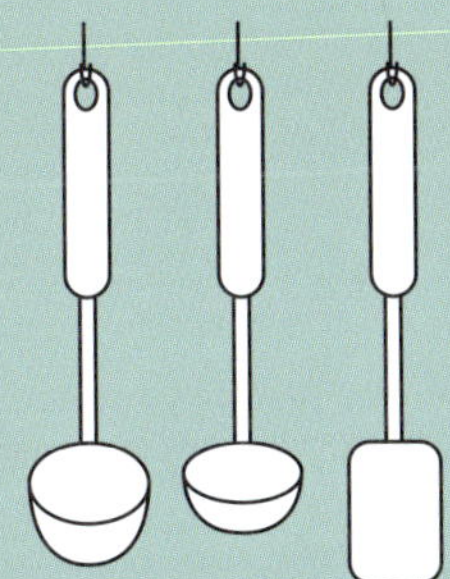

나는야 초딩 입맛!

두부계란부침을 좀 더 특별하게

두부카레부침

어릴 적 자주 먹던 두부계란부침.
이거 하나만 있으면 밥 한 그릇 뚝딱 했던 기억이 새록새록하다.
두부계란부침에 포인트를 주고 싶어 카레가루를 솔솔 뿌려봤다.
더 노래져서 예뻐지고, 카레가루를 넣어 고소한 향이 나는 두부카레부침으로 입맛을 살려보자.

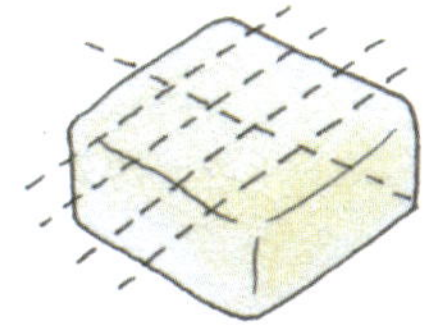

1 물기를 뺀 두부를 먹기 좋은 크기로 잘라준다.

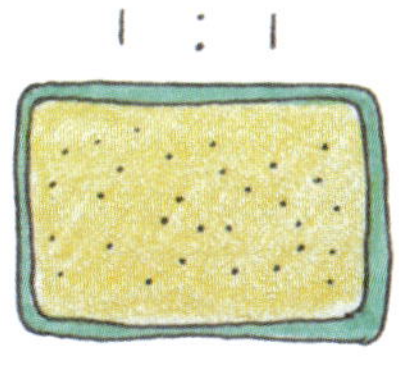

2 카레가루와 전분가루를 1:1 비율로 섞어준다.

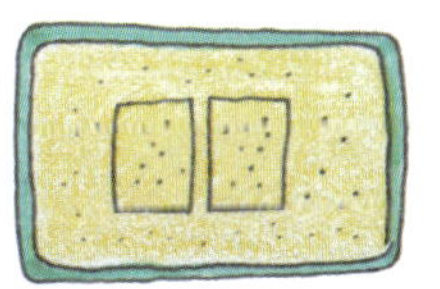

3 두부의 앞, 뒷면에 카레 전분가루를 골고루 묻혀준다.

4 두부에 계란물을 입혀준다.

5 기름을 두른 팬에 앞뒤로 노릇노릇 구워준다.

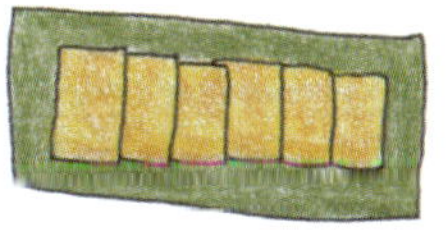

6 그릇에 예쁘게 담아낸다.

7 완성!

고구마 치즈 고로케

사실 고로케는 집에서 만들기에는 겁이 나는 음식이다. 왠지 어려울 것 같고,
기름도 많이 들어갈 것 같다. 하지만 홈메이드 고로케는 생각보다 간단하다. 재료도 착하고,
방금 만들어 바삭하고, 동글동글 만드는 재미도 있다. 바삭바삭한 겉면과 달콤한 고구마,
부드럽게 늘어나는 치즈. 늦은 주말 밤 영화와 함께 하기에 가장 좋은 간식이다.

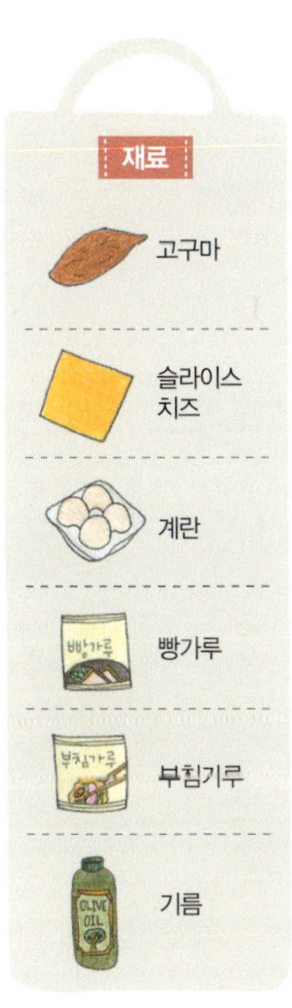

1 고구마는 미리 쩌 식혀둔다.

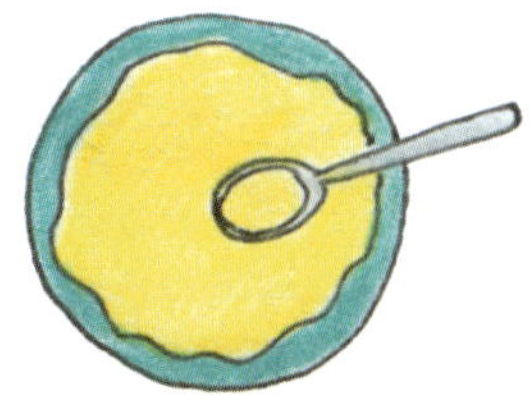

2 찐 고구마는 껍질을 벗겨 으깨준다.

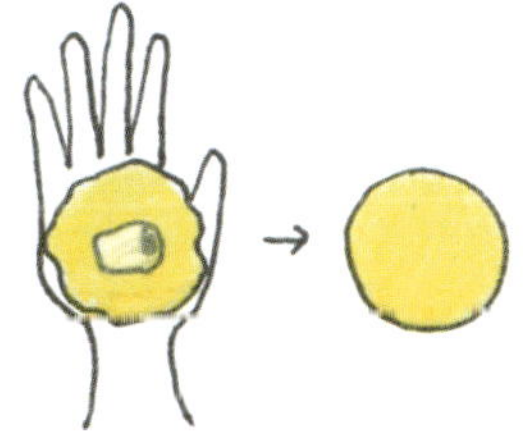

3 으깬 고구마를 펼친 뒤 슬라이스 치즈를 반으로 잘라 가운데에 넣고 동그랗게 빚어준다.

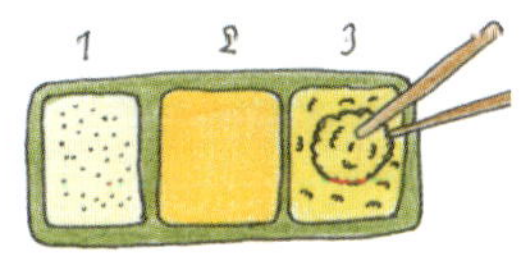

4 부침가루→계란물→빵가루 순서로 묻혀준다.

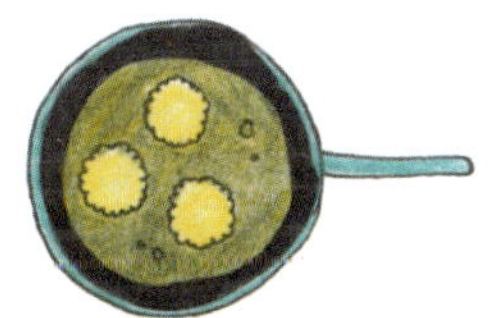

5 팬에 식용유를 고로케가 ⅓쯤 잠길 만큼 부은 다음 뜨거워지면 고로케를 넣고 섯가락으로 굴러가며 걷면을 튀겨준다

6 케첩이나 허니머스터드를 곁들인다.

 tip
고구마는 찜기에 15~20분쯤 익힌 후 젓가락으로 찔러 고구마가 묻어나지 않은 때 꺼낸다.

7 완성!

누구나 떡볶이에 대한 추억은 있다
치즈떡볶이

떡볶이 한 개에 100원 하던 시절.
동전을 주머니에서 짤랑거리며 집으로 돌아가는 골목길에서 늘 먹던 떡볶이.
생각만 해도 좋은 즐거웠던 하루하루의 기억. 누구나 그리워하는 새콤, 달콤, 매콤한 그 맛!

1 떡은 찬물에 10분 이상
불려준다.

2 고추장 1스푼, 물엿 2스푼,
설탕 1스푼을 섞어 양념장
을 만든다.

3 어묵, 양배추, 대파를 적당
한 크기로 잘라준다.

4 팬에 물 한 컵을 넣고 끓기
시작하면 떡과 양념장을 넣
어준다.

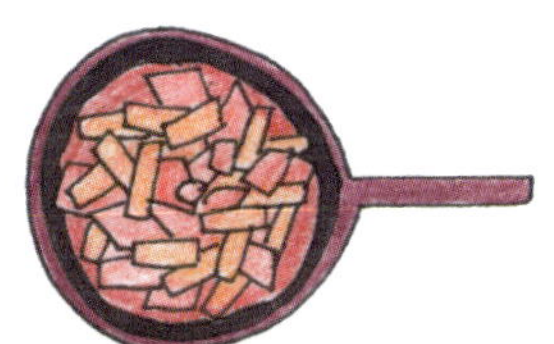

5 양념이 자작하게 되었을 때
어묵, 양배추, 대파를 넣고
조려준다.

6 떡볶이를 그릇에 담고 모짜
렐라 치즈를 올린 다음 전
자레인지에 넣고 치즈가 녹은
때까지 돌려준다.

7 완성!

8 치즈와 떡볶이를 잘 섞어
먹는다.

타코야끼

고등학교 때 줄기차게 사먹었던 문어빵 타코야끼.
처음 맛보는 이색적인 소스와 푹신한 식감.
그때는 길다란 꼬챙이를 이용해 동글동글한 타코야끼를 만드는 모습마저도 너무 신기했다.

1 타코야끼 파우더 100g, 물 300ml, 계란 1개를 넣어 반죽을 만든다.

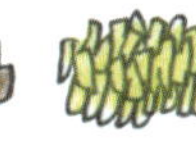

2 문어는 해동하고, 양배추는 다져준다.

3 타코야끼 틀은 약한 불에 달군 다음 기름을 발라준다.

4 만들어놓은 반죽을 틀의 구멍에 살짝 넘치도록 담아준다. 다진 양배추를 뿌리고 구멍마다 문어를 1개씩 넣어준다.

5 송곳으로 찔렀을 때 반죽이 묻어 나오지 않을 만큼 익으면 반대쪽으로 돌려준다.

6 타코야끼소스와 마요네즈, 가쓰오부시를 뿌려순다.

7 완성!

식빵피자

"피자빵 하나 주세요!" 학창시절 매점에서 가장 즐겨먹던 메뉴는 단연 피자빵이었다.

진짜 피자와는 차이가 있지만, 피자빵만의 매력에 흠뻑 반했던 시절이 있었다.

가끔 그때의 피자빵의 맛이 그리워질 때가 있는데,

그럴 땐 냉장고를 뒤져 자투리 야채와 햄을 이용해 식빵피자를 만들곤 한다.

피자와 비슷하지만 피자와는 단연 다른 매력! 진짜 피자보다 이게 더 당기는 날이 있다니깐?

1 햄과 야채들을 얇게 슬라이
스해준다.

2 식빵에 스파게티소스를
골고루 발라준다.

3 식빵에 햄과 야채들을 올려
준다.

4 모짜렐라 치즈를 듬뿍 뿌려
준다.

5 치즈가 녹을 때까지 전자렌
지에 돌려준다.

6 완성!

함박스테이크

오랜 시간이 지나도 변함없이 자리를

지켜주는 것들은 언제나 반갑다.

달콤 쌉쓸했던 익숙한 그리움의 맛.

"변하지 말아요. 늘 그랬던 것처럼"

함박스테이크

어렸을 적 친척언니가 해줬던 함박스테이크.
우리 집에서는 만들어 먹는다는 건 상상도 못할 음식이라 깜짝 놀랐던 기억이 아직도 생생하다.
먼저 노른자를 툭 터트려 소스에 슥슥 비빈 다음 고기를 쿡 찍어먹는다.
옛날 경양식집이 생각나는 추억의 맛!

1 작은 양파 ½개를 다져준다.

2 다진 소고기와 돼지고기 (3:1 비율), 다진 양파, 빵가루 5스푼, 후추를 넣고 끈기가 생길 때까지 치대준다.

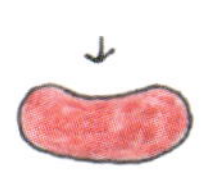 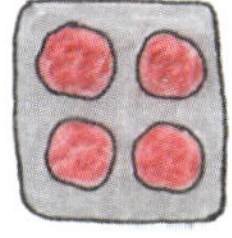

3 잘 다져진 반죽을 동그랗고 두툼하게 빚어준 뒤 가운데를 손가락으로 살짝 눌러준다.

4 뚜껑을 닫은 팬에서 앞뒤로 노릇하게 구워준다(또는 오븐 200도에서 20분 동안 구워준다).

5 반숙한 계란 프라이를 만든다.

6 잘 익은 함박스테이크 위에 스테이크소스와 계란 프라이를 올려준다.

7 완성!

평범한 음식도 살짝 손길만 주면 특별한 요리가 된다.
요리의 느낌을 제대로 살려주듯
아이디어와 정성을 슬쩍 가미해보자.

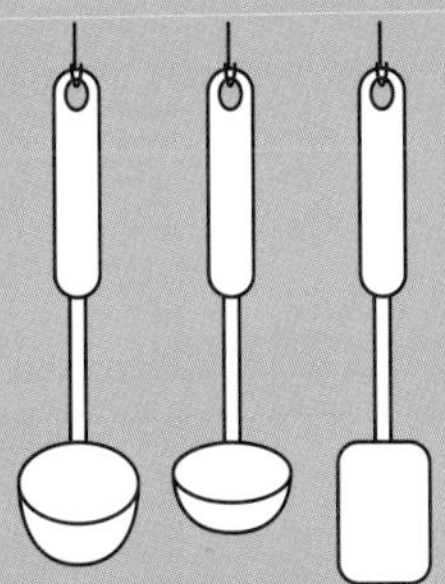

PART 5

평범한 듯 특별하게!

하트 계란말이

좋은 솜씨는 아니지만 괜히 신경 쓴 듯한 찬을 만들고 싶을 때,
평범한 계란말이에 사랑을 듬뿍 담는다.
이유 없이 기분 좋아지는 하트 모양.
소소한 반찬이지만 먹는 게 아까워질 정도로 특별한 계란말이가 된다.

1 계란을 볼에 풀고 소금으로 살짝 간을 해준다.

2 기름을 두른 팬에 계란물을 붓고 모양을 잡아 말아 계란말이를 만들어준다.

3 적당한 크기로 잘라준다.

4 그림과 같이 반으로 잘라준 다음 한 개를 뒤집어 하트 모양을 만든다.

5 달걀물을 살짝 묻혀준다.

6 앞뒤로 살짝 익혀 하트 모양을 고정시켜준다.

7 완성!

감자와 계란의 특별한 만남
스페인식 감자 오믈렛

스페인식이라고 하니 왠지 거창해 보인다.
하지만 알고 보면 우리 입맛에 꼭 맞는 간단한 음식.
잘 익힌 푹신한 감자와 계란의 조화는 생각보다 더 찰떡궁합이다.
가볍게 요리해서 특별한 요리를 먹는 기분?

1 감자와 햄을 납작하게 잘라 준다.

2 기름을 두른 팬에 감자와 햄을 구워준다.

3 감자와 햄이 익으면 계란을 깨트려 넣고 뚜껑을 닫고 약한 불에서 서서히 익혀준다.

4 계란이 익으면 꺼내어 먹기 좋은 크기로 잘라 그릇에 올린다.

5 완성!

데리야끼 닭꼬치

평범한 요리도 어떻게 먹느냐에 따라서 기분이 한껏 달라질 때가 있다.
닭고기를 꼬치에 꽂은 것만으로도 괜히 길거리 음식으로 군것질을 하는 기분.
그래, 모든 일은 마음먹기 나름이야!

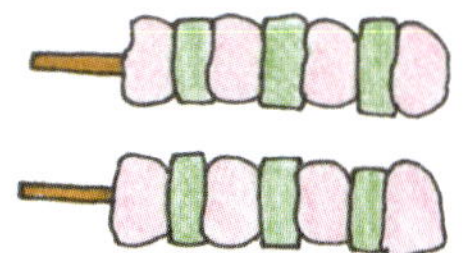

1 닭안심살과 대파를 한입 크 기로 잘라 꼬치에 꽂아준 다.

2 뚜껑을 닫은 팬에서 닭꼬치 를 약한 불로 앞뒤로 구워 준다.

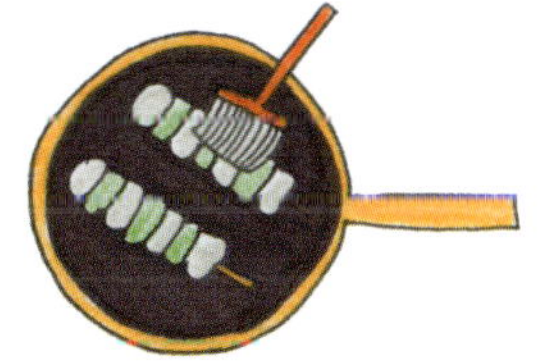

3 닭이 익으면 데리야끼소스 를 발라 한 번 더 구워준다.

4 완성!

데리야끼 찹스테이크

스테이크라고 하면 괜히 집에서 요리하기 어려울 것 같지만,
사실 고기만 잘 익히면 되는 간단 요리이다.
괜히 혼자여서 우울하고 쓸쓸한 날, 만들어보자!

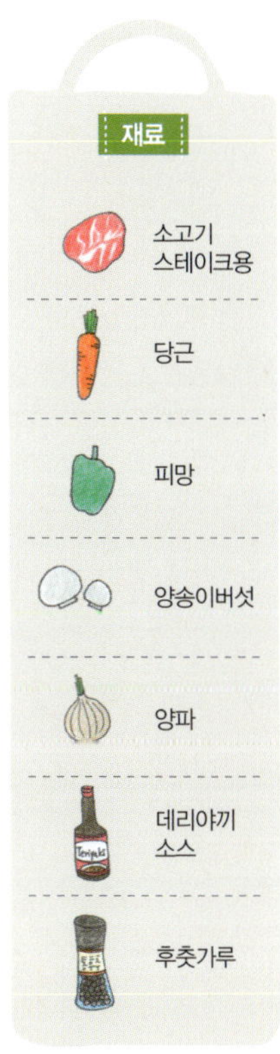

소고기
스테이크용

당근

피망

양송이버섯

양파

데리야끼
소스

후춧가루

1 소고기와 야채들을 한입 크
기로 잘라준다.

2 기름을 두른 팬에 당근을
익혀준다.

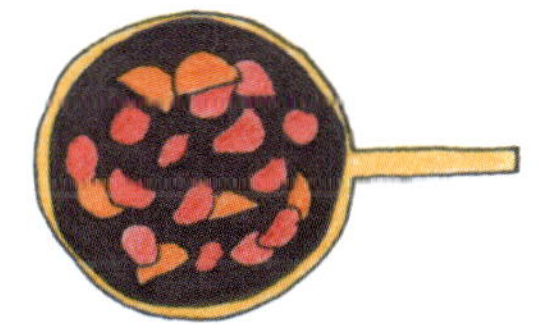

3 당근이 80% 이상 익으면
소고기를 넣고 센 불에서
볶아준다.

4 고기의 겉면이 익으면 데리
야끼소스 2스푼과 야채들
을 넣고 익혀준다.

5 고기가 익으면 취향에 맞게
후춧가루를 뿌리고 그릇에
담아준다.

6 완성!

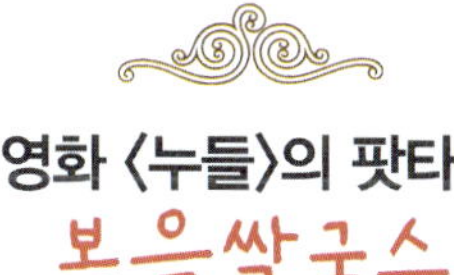

볶음쌀국수

마음을 닫으면 아무리 많은 대화를

나누어도 통하지 않는다. 말이 통하지 않아도

눈짓만으로도 통할 수 있다면

그게 진짜 '만났다'라는 게 아닐까.

볶음쌀국수

밀가루면보다 깔끔하고 부담스럽지 않은 쌀국수.
지금껏 따뜻한 국물이 있는 쌀국수만 먹어봤다면
매콤한 맛에 야채가 싱싱하게 살아 있는 팟타이를 권해보고 싶다.
가볍고 상큼하게 즐기는 볶음 쌀국수!

tip
쌀국수는 많이 볶으면
면이 흐물흐물해지니
빠르게 볶아야 한다.
매콤한 맛을 좋아한다
면 소스를 만들 때 핫
소스를 약간 넣어준다.

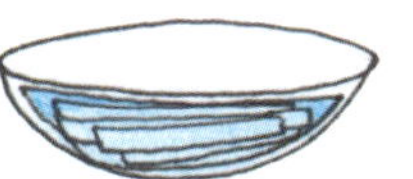

1 쌀국수 면은 볶음용(굵은 것)
으로 준비해 찬물에 30분
이상 불려놓는다.

2 청경채와 숙주는 물기를 빼
서 준비하고, 칵테일 새우
는 해동해놓는다.

3 피시소스 1스푼, 레몬즙 1
스푼, 칠리소스 1스푼, 굴
소스 1스푼을 섞어 준다.

4 스크램블 에그를 만들어놓
는다.

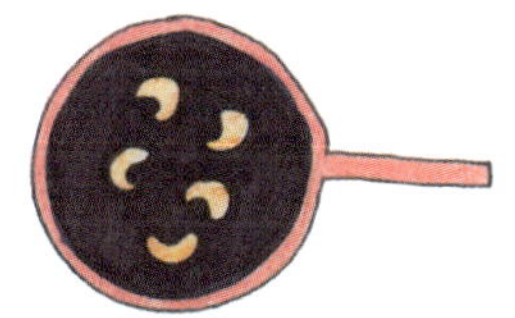

5 기름을 두른 팬에 칵테일
새우를 볶아준다.

6 새우가 익으면 쌀국수와 소
스를 넣고 살짝 볶아준다.

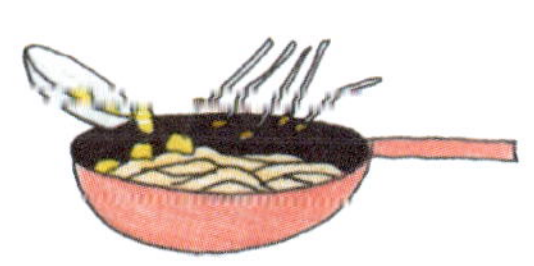

7 면이 살짝 익으면 숙주 한
줌과 스크램블 에그를 넣고
빠르게 볶아준다.

8 그릇에 완성된 팟타이를
담고 청경채를 올리면
완성!

때로는 멋들어지게 차려 낸 요리로 식탁을 꾸며 혼자만의
럭셔리한 식사를 해보자. 눈으로 한 번 음미하고,
입으로 그 맛을 느껴보면 일류 요리 부럽지 않다.

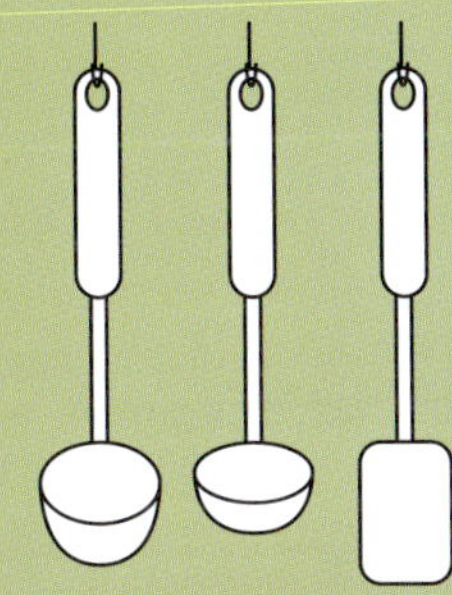

PART 6

눈으로 먹어요!

두부와 스팸은 사실 천생연분

두부스팸구이

사실 이 요리를 처음 봤을 때 그냥 '두부 맛, 스팸 맛, 아니겠어?'라고 그저 그렇게 생각했다.

그래도 난 두부도, 스팸도 좋아하니까 일단 한 번 만들어보기로 했다.

정말 말 그대로 두부 맛과 스팸 맛인데 이상하게 같이 먹으니까 더 담백하고 고소하다.

역시, 음식도 사람도 궁합이 중요하긴 매한가지!

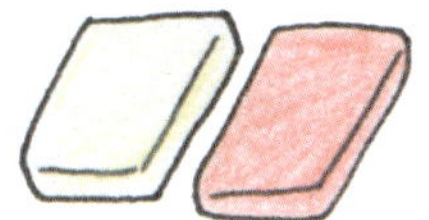

1 두부와 스팸을 같은 크기로 납작하게 잘라준다.

2 두부→스팸→두부 순서로 겹친 다음 겉면에 전분가루를 묻혀준다.

3 계란물을 입혀준다.

4 기름을 두른 팬에 앞뒤로 노릇노릇 익혀준다.

5 먹기 좋은 크기로 잘라 그릇에 담는다.

6 완성!

훈제연어말이

급하게 손님이 오는데 딱히 시간도 없고 만들 것도 없을 때 만들기 딱 좋은 음식이다.

별거 아니지만 왠지 신경 쓴 듯한 비주얼을 자아낸다.

모양도 예쁘고 색깔도 예쁘다. 그리고 풋풋한 맛은 덤!

1 파프리카는 얇고 길게 잘라 주고 무순은 물기를 빼놓는다.

2 연어 슬라이스에 파프리카와 무순을 올리고 돌돌 말아준다.

3 취향에 따라 오리엔탈 드레싱이나 홀스레디쉬소스에 찍어먹는다.

4 완성!

훈제오리무쌈말이

노랑, 주황, 빨강, 예쁜 색을 다양하게 지닌 파프리카.

괜히 이렇게 속살이 비치는 요리를 할 때면 색색의 파프리카를 색깔별로 넣어준다.

음식은 맛도 중요하지만 예쁜 모습도 중요하다고!

1 훈제오리는 팬에 구운 다음 기름기를 빼준다.

2 피프리가는 얇고 실게 썰고 무쌈은 물기를 빼둔다. 무순은 씻어 준비한다.

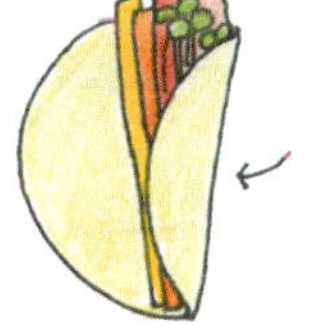

3 무쌈에 훈제오리, 파프리카, 무순을 올리고 감싸준다.

4 취향에 따라 땅콩소스를 곁들여도 좋다.

5 완성!

치즈 양송이 새우구이

어렸을 때 난 편식이 무척 심했다.
김치마저 싫어하던 내가 유일하게 좋아하던 야채가 바로 양송이 버섯!
동글동글 스머프의 버섯집 같은 모양도 귀엽고 부드럽게 씹히는 식감도 정말 좋아했다.
거기에 내가 좋아하는 재료들만 담아 예쁘게 꾸며 먹으니 맛이 없을 리가 있나!

1 양송이버섯의 꼭지를 떼어
준다.

2 꼭지를 뗀 부분에 스파게티
소스를 넣어준다.

3 슬라이스 치즈를 잘라 올려
준다.

4 해동시킨 칵테일 새우를
올려준다.

5 180도 오븐에서 10분간 구
워준다.

6 완성!

돼지고기 야채말이

모양만 보면 손도 많이 갈 것 같고 예쁘게 만들기 힘들 것 같은 요리.
하지만 알고 보면 모양내기가 정말 쉬운 요리다. 그냥 예쁜 색의 야채를 넣고 돌돌 말기만 하면 끝!
그리고 프라이팬에 돌돌 돌리기만 하면 의외로 만드는 건 초 간단!
구워 먹고, 볶아 먹기만 했던 평범한 고기 요리에 질린 사람들에게 추천한다.

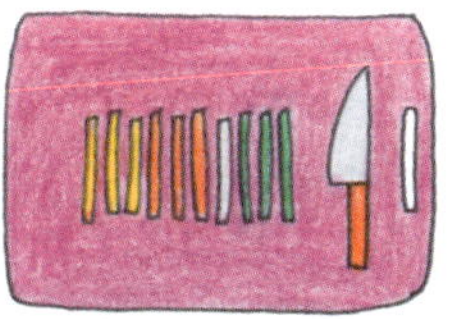

1 파프리카, 양파, 풋고추를 같은 길이로 길게 잘라준다.

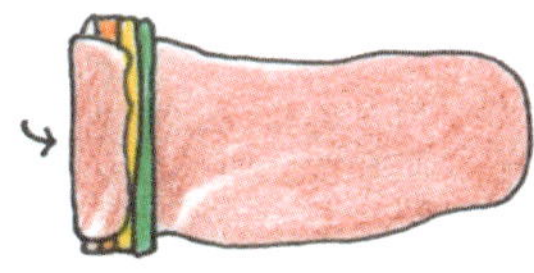

2 돼지고기 앞다리살을 얇게 저민 후 야채를 올리고 돌돌 말아준다.

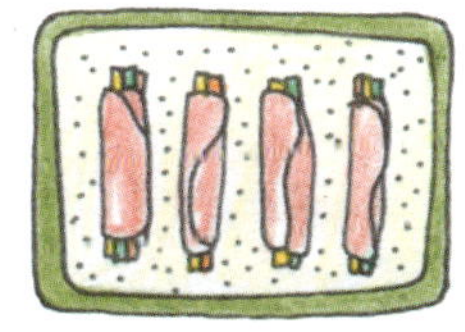

3 전분가루를 묻혀준다.

4 팬에 굴려가며 고기를 익혀준다.

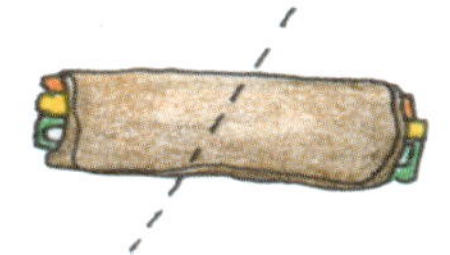

5 먹기 좋은 크기로 잘라준다.

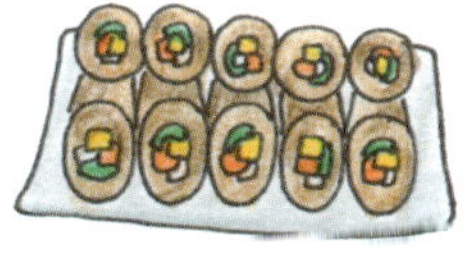

6 취향에 따라 머스터드소스를 곁들인다.

7 완성!

tip
돼지고기의 이음새 부분부터 익혀주면 고정이 되어 풀어지지 않는다.

화분 케이크

케이크를 만든다는 건 상상만큼이나 어려운 일이겠지만,
이 화분 케이크는 재료도, 만드는 방법도 왠지 애교가 가득하다.
마음에 드는 꽃을 꽂아 선물하기도 딱 좋은 화분 케이크.
왠지 장난스럽기도 하지만 피식 웃음지어지는 오레오 흙은
먹는 내내 '이게 뭐지?'라는 생각이 들게 한다.

1 오레오의 크림과 과자 부분을 분리해준다.

2 분리한 과자 부분을 비닐에 넣고 으깨어 흙처럼 만들어준다.

3 유리컵에 카스텔라를 넣고 오레오 흙을 올려준다.

4 꽃을 꽂아준다.

5 완성!

ANYONE
CAN
COOK

영화 〈라따뚜이〉의 바로 그
라따뚜이

"Anyone can cook" 난 사실 대학 때까지만 해도

라면 하나 제대로 못 끓였다. 졸업 후 자취를

시작하며 인터넷과 요리책을 뒤져 시작한 요리.

평생 요리와는 인연이 없을 것만 같던 내가

이렇게 요리책을 쓰고 있다니!

라따뚜이

영화를 보고 집에 있는 재료들을 이용해 만들어본 요리, 라따뚜이.
화려한 색감과 예쁜 겉모습과는 달리 생각보다 만들기 쉽고 재료도 간편한 착한 요리이다.
특별한 야채 요리를 먹고 싶은 날 만들면 딱 좋은 음식!

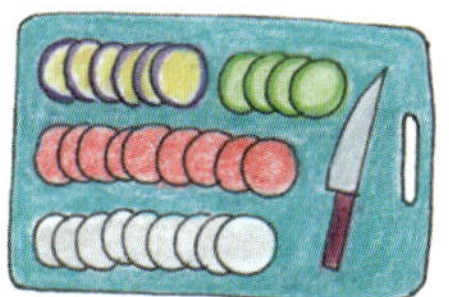

1 야채들을 얇게 슬라이스해 준다.

2 오븐용 그릇에 스파게티 소스를 깔아준다.

3 야채들을 번갈아가며 깔고 오븐 200도에서 20분간 구워준다.

4 완성!

산들산들 바람과 은은한 햇살이 밖으로 나오라고
유혹하는 날! 나만의 특별한 도시락을 만들어
들로 산으로 마실 나가보자.

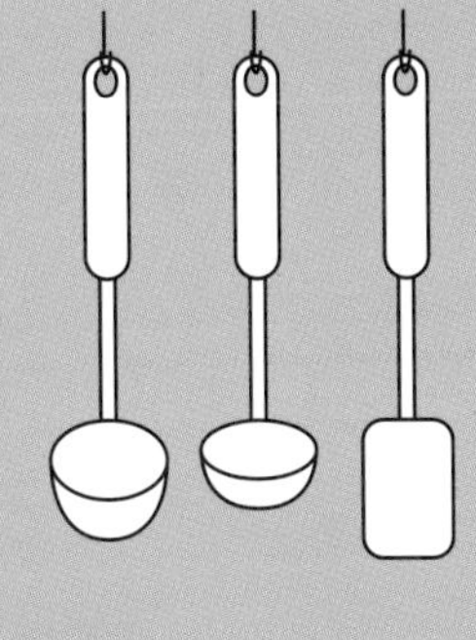

PART 7

마실 가는 날

참치김밥

왜인지는 모르겠는데 언제부턴가 난 직접 김밥을 만들어야겠다며 고집을 부렸다.

이상하게 김밥 마는 게 좋았다고 해야 할까.

초등학생이 소풍 전날 마음에 드는 김밥 속을 사서 조용히 만들고 있던 수준이었으니까.

그때부터 계속 김밥말기는 항상 내 차지!

고3 수능 날에도 직접 김밥을 싸서 시험을 보러 간 사람도 아마 나밖에 없을 거다.

1 계란은 계란말이를 만들어 주고, 참치는 기름을 빼고 살짝 볶아준다. 깻잎은 물기를 빼서 준비한다.

2 게맛살, 계란말이를 길게 잘라 준비해준다.

3 고슬하게 지은 밥에 참기름 2스푼, 설탕 1스푼, 소금 1스푼을 넣어 양념해준다.

4 김발 위에 김과 밥, 준비한 재료들을 올려준다.

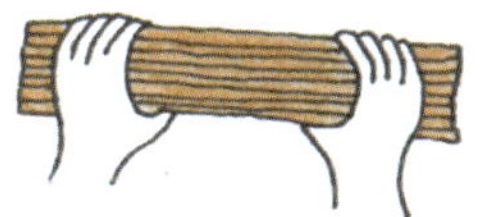

5 꼭꼭 누르며 돌려 말아준다.

6 먹기 좋은 크기고 길타준다.

7 취향에 맞게 단무지니 김치를 곁들인다.

8 완성!

깻잎쌈밥

소풍 도시락은 무조건 김밥 아니면 유부초밥이다. 왜 다른 메뉴는 없는 걸까?

매콤달콤한 고추참치에 향긋한 깻잎을 싸 동글동글 만든다.

김밥보다 훨씬 간단하고 유부초밥보다 더 특별하다.

어렵지 않은 특별한 도시락을 만들고 싶다면 추천한다.

1 깻잎은 뜨거운 물에 살짝 데쳐 물기를 빼 준비해준다.

2 밥 한 공기에 고추장 ½스푼과 고추참치 작은 캔 하나를 넣고 볶아준다.

3 데친 깻잎에 밥을 동그랗게 만들어 올리고 깻잎으로 말아준다.

4 먹기 좋은 크기로 잘라 준다.

5 완성!

또띠아 소시지 롤

난 또띠아로 만든 요리들을 참 좋아한다. 맛도 맛이지만 만들기도 간편해서 더 좋다.
또띠아 소세지롤은 또띠아에 소시지와 야채를 넣고 돌돌 말기만 하면 끝나는 간단 요리!
갑자기 바람이 쐬고 싶은 날, 스피디하게 만들어 나들이 가기에 가장 손쉬운 도시락 메뉴이다.

1 소시지에 칼집을 내서 구워
준다.

2 파프리카와 양파는 얇고 길
게, 양상추는 잘게 잘라준
다.

3 또띠아 위에 준비한 재료들
을 올린 다음 허니머스터드
를 뿌려준다.

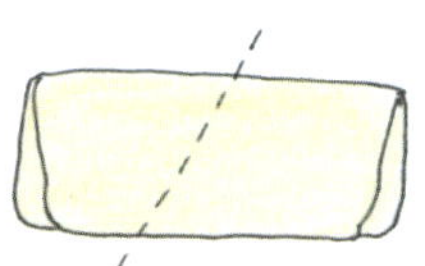

4 잘 말아 먹기 좋은 크기로
잘라준다.

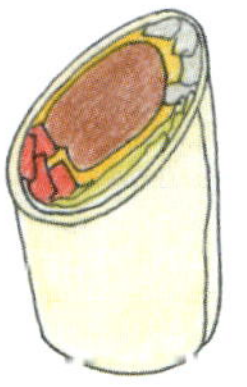

5 풀리지 않도록 랩이나 이쑤
시개로 고정시켜준다.

6 완성!

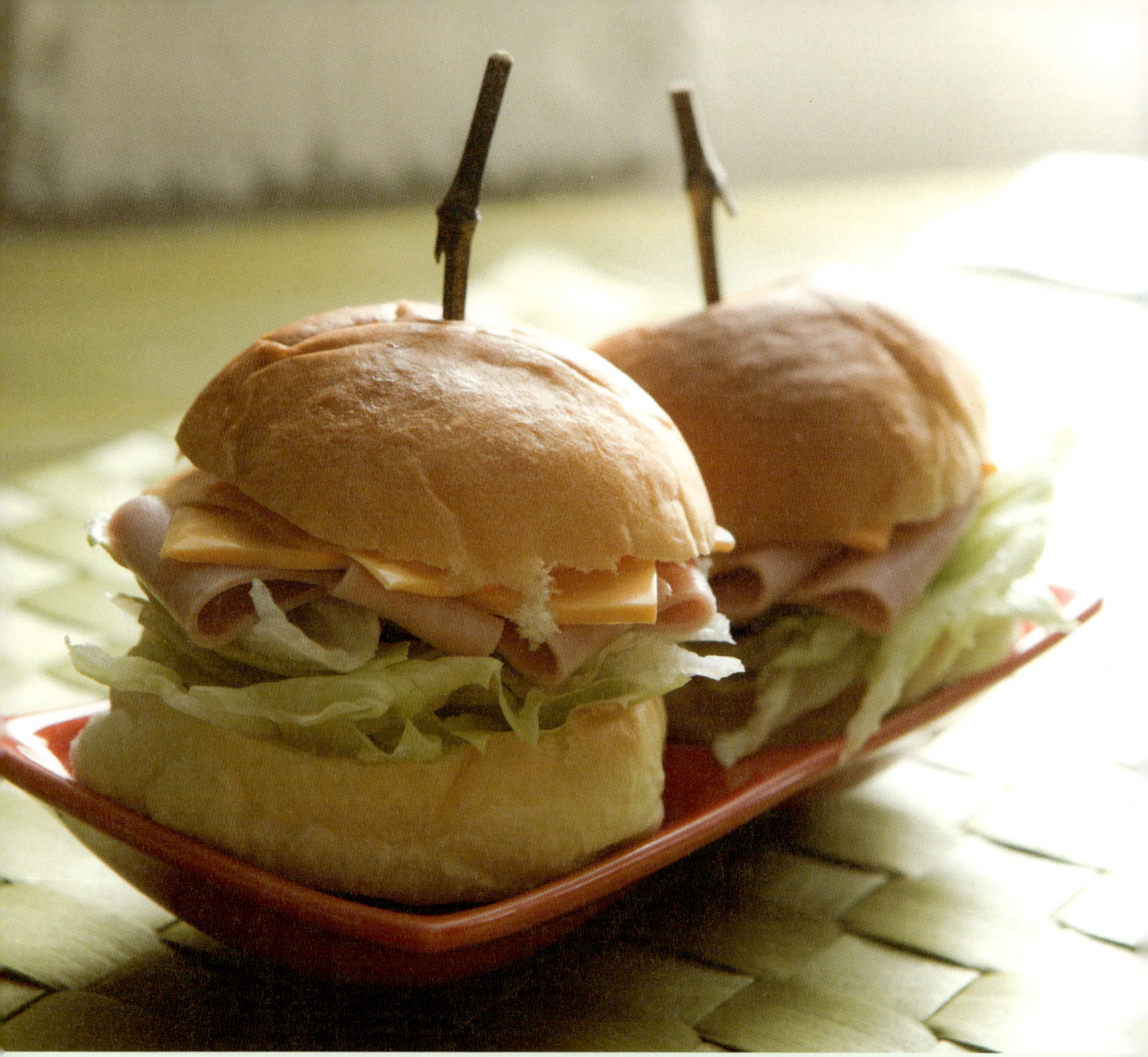

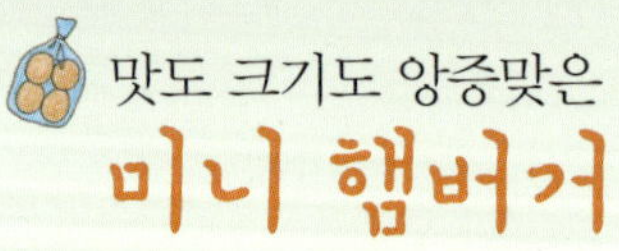

미니 햄버거

패스트푸드점의 커다란 햄버거도 좋지만 가끔은 빵집에서 파는 귀여운
미니 햄버거가 먹고 싶은 날이 있다. 모닝빵을 반으로 쪼개 햄과 치즈, 야채를 넣어주자.
간편하게 먹을 수 있는 귀엽고 앙증맞은 미니 햄버거.
귀여운 도시락 소품을 활용하면 괜히 기분도 앙증맞아진다.

1 양상추는 씻어 물기를 뺀 다음 잘게 찢어준다.

2 모닝빵을 반으로 잘라 한쪽 면에는 케첩, 한쪽 면에는 허니머스터드를 발라준다.

3 양상추와 슬라이스 햄, 치즈를 빵 사이에 끼워준다.

4 흐트러지지 않게 이쑤시개로 고정시킨다.

5 완성!

감자에그샌드위치

어렸을 적 친구가 가르쳐준 요리, 감자에그샌드위치.
왠지 어려운 음식일 것만 같아 긴장했는데 막상 배워보니 생각보다 쉬워 깜짝 놀랐다.
요즘은 화려한 샌드위치가 많기에 어떻게 보면 투박해 보일 수도 있다.
그래도 누구나 좋아하는 베이직한 샌드위치 아닐까?

1 감자 2개와 계란 1개는 미리 삶아 식혀둔다.

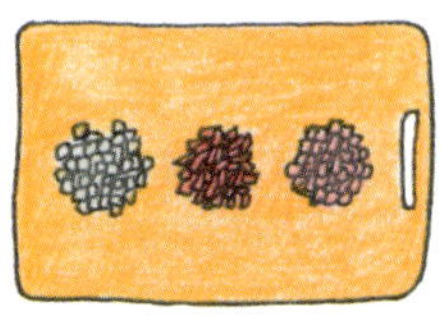

2 양파, 게맛살을 다져준다.

3 삶은 계란은 흰자와 노른자를 분리하고, 흰자를 듬성듬성 잘라준다.

4 준비한 재료들과 마요네즈 5스푼을 볼에 넣고 섞어 샌드위치 속을 만들어준다.

5 식빵을 삼각형 모양으로 잘라 한쪽 면에만 딸기잼을 얇게 발라준다.

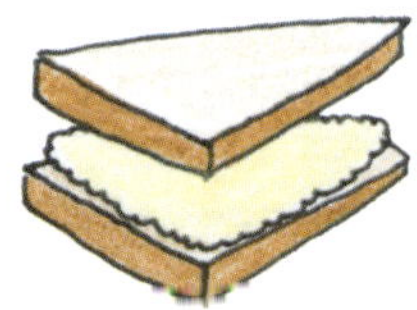

6 식빵과 식빵 사이에 샌드위지 속을 넣어준다.

7 완성!

BIGLOAF
HonoKaaBay

스팸 무스비

나이를 먹는다고 마음도 나이를 먹는 것은 아니다.

꼬부랑 할머니, 할아버지도 사랑에 설레며

하루하루를 손꼽아 세며 두근거린다. 소박하지만

반짝거리는 일상, 누구에게나 오늘은 특별하다.

마법 같은 사랑의 레시피

스팸 무스비

호노카이보이 속 사랑이 듬뿍 담긴 요리, 스팸 무스비.
평범한 도시락을 왠지 특별하게 만들어주는 마법 같은 하와이의 로컬푸드이다.

1 간장 2스푼, 설탕 2스푼, 물 1스푼을 섞어 양념장을 만든다.

2 양파는 얇게 슬라이스 하고 스팸은 모양대로 0.5~1cm 두께로 잘라준다.

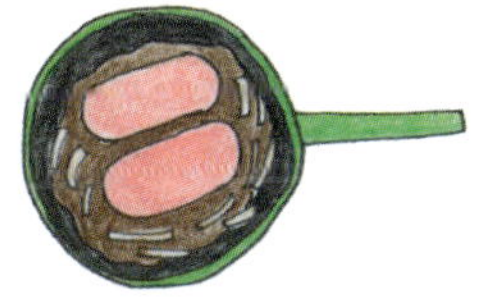

3 스팸과 양파를 팬에 굽다 양념장을 넣고 조려준다.

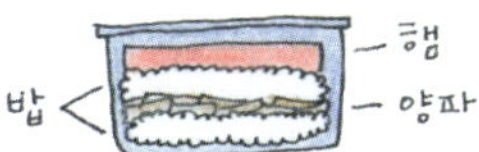

4 무스비 틀이나 스팸통조림에 밥→양파→밥→스팸 순서로 담아 꾹 눌러준다.

5 스팸 무스비를 틀에서 꺼내 자른 김을 둘러준다.

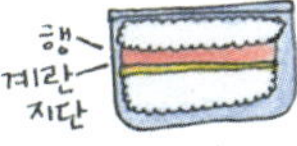

6 재료와 순서를 응용해서 사각 김밥처럼 만들어노 좋다.

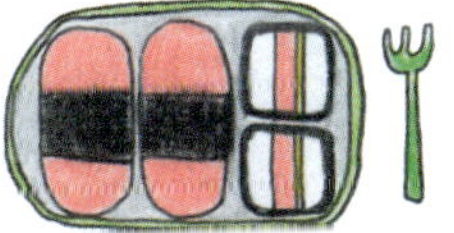

7 완성!

손 하나 까닥하기도 싫지만 배는 무척이나 고픈 날.
이럴 때는 초간단 요리로 허기를 달래보자.

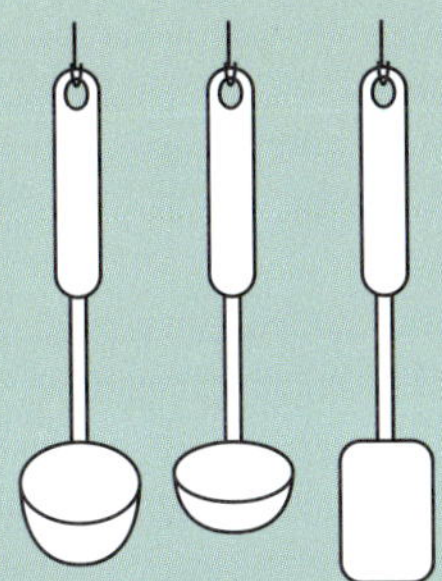

오늘은
귀차니즘

냉동만두로 만드는 만두볶음밥

칼질과 요리가 서툰 사람에게 딱 맞는 볶음밥.
냉동실의 만두를 꺼내 마구마구 부수어주자.
요리 솜씨가 없어도 훌륭한 볶음밥을 만들 수 있다.

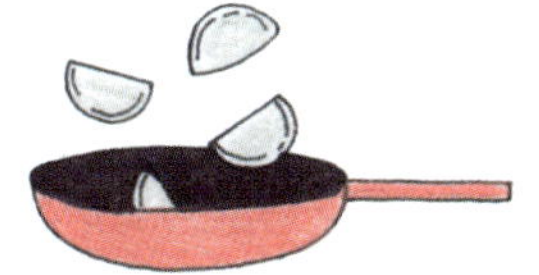

1 기름을 두른 팬에 만두 5개
를 구워준다.

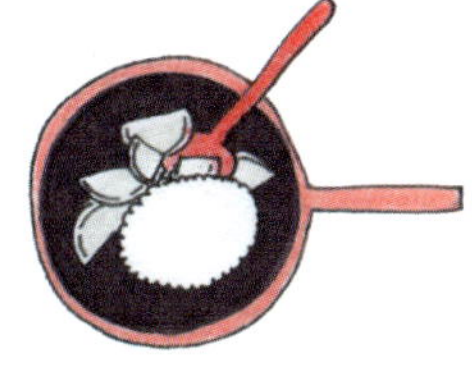

2 만두가 익으면 부수어 밥과
함께 볶아주고, 간장으로
간을 해준다.

3 만두볶음밥을 그릇에 담고
모짜렐라 치즈를 뿌려준다.

4 전자레인지에 치즈가 녹을
때까지 돌려준다.

5 완성!

3분짜장으로 만드는 중국집 볶음밥

3분짜장으로 짜장 덮밥과 짜장면만 만들어먹었다면
오늘은 조금 더 중국집다운 볶음밥에 도전해보자.
냉장고 속 야채를 넣고 고슬고슬 볶아 3분짜장만 곁들이면 된다.
특별한 레시피 없이도 만드는 홈메이드 중국집 볶음밥의 완성!!

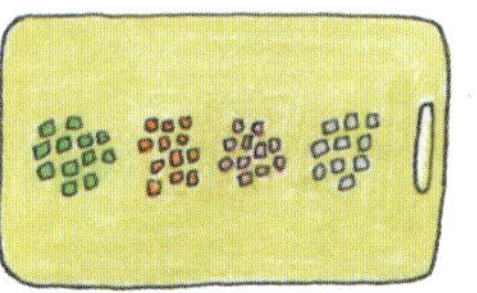

1 햄과 야채들을 볶음밥용 크기로 잘라준다.

2 기름을 두른 팬에 햄과 야채들을 볶아준다.

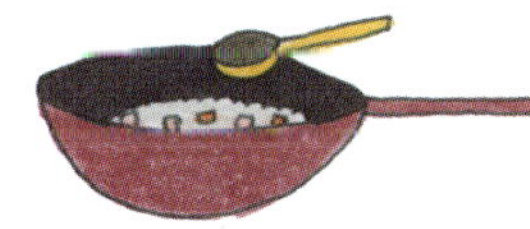

3 야채가 익으면 밥과 굴소스 1스푼을 넣고 센 불에서 볶아준다.

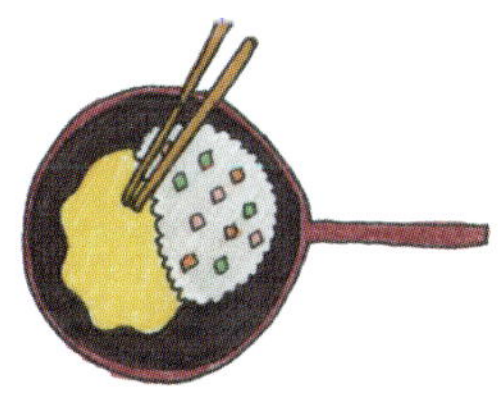

4 계란을 깨트려 넣어 스크램블 에그를 만들어 밥과 섞으며 볶아준다.

5 볶음밥을 그릇에 담고 데운 3분짜장을 올려준다.

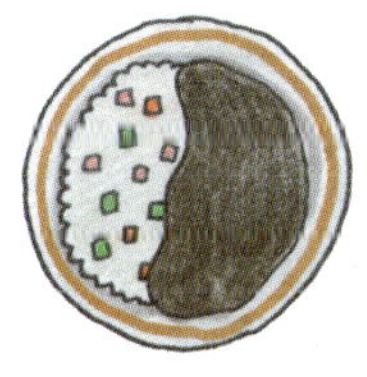

6 완성!

7 짜장소스와 잘 섞어 먹는다.

분말카레로 만드는 카레우동

카레의 변신은 무죄. 오늘은 쫀득쫀득한 우동면을 넣어 카레를 국물로 먹어보자.
별거 아닌 요리지만 왠지 특별식을 먹는 듯한 느낌을 받을 수 있다.
좀 더 특별하고 새로운 카레 요리. 카레를 좋아하는 사람이라면, 꼭 먹어봐야 할 카레우동!

1 끓는 물에 우동면을 살짝 삶아 그릇에 담아놓는다.

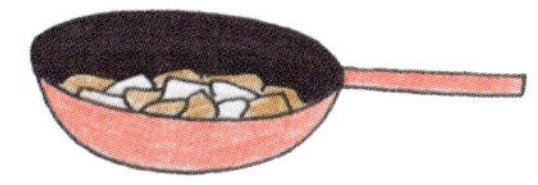

2 닭가슴살과 감자를 한입 크기로 잘라 팬에 볶아준다.

3 감자와 닭고기가 익으면 카레가루와 물을 넣어 걸쭉한 카레를 만들어준다.

4 우동면에 카레를 올리고 다진 대파를 뿌려준다.

5 완성!

시판용 수프로 만드는 식빵수프

왠지 오슬오슬한 날, 마음까지 추워지는 날.
따뜻한 수프를 한 입 떠먹으면 가슴까지 따뜻해지는 기분이 든다.
뜨거운 수프에 남은 식빵을 올려 추운 날 간단한 한 끼 식사로 활용해보자.
왠지 몸이 녹아내리는 기분이 들지 않을까.

크림수프

식빵

파슬리 가루

1 시판용 수프 분말을 이용해 걸쭉하게 수프를 만든다.

2 그릇에 완성된 스프를 담고 식빵을 잘게 찢어 올리고 파슬리 기루를 뿌린다.

3 완성!

tip

느끼한 걸 즐기는 사람에게는 크림 수프를, 담백한 걸 즐기는 사람에게는 소고기 수프를 추천한디!

크림스프와 우유로 만드는 까르보나라

크림소스 스파게티는 외식용 요리라고만 생각했었다.

크림수프와 우유를 섞으면 크림소스 맛이 난다는 정보를 입수하고 바로 집에서 도전해봤다.

생크림이 들어 있지 않은 야매소스지만 왠걸, 정말 고소하고 부드러운 크림소스 맛난다.

내 마음대로 맛을 조절할 수 있어 왠지 마음에 드는 걸.

전문가의 손길도 좋지만 역시 야매 요리는 무시할 수 없다.

1 스파게티면을 끓는 물에 8
분가량 삶은 후 물기를 제
거하고 그릇에 담아놓는다.

2 브로콜리는 살짝 데쳐주고,
양송이버섯, 마늘, 베이컨
은 작게 잘라준다.

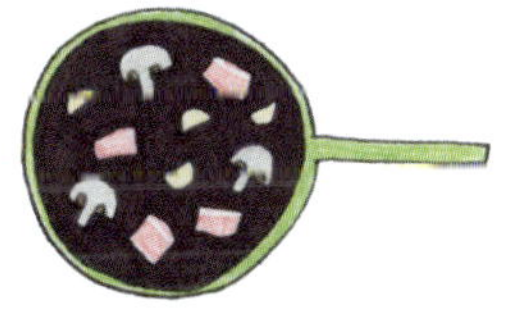

3 팬에 버섯, 마늘, 베이컨은
살짝 볶아준다.

4 우유와 크림스프를 넣고 뭉
치지 않게 저어가며 소스를
만든다.

5 면 위에 소스를 붓고 데친
브로콜리를 올려 먹는다.

6 완성!

시판용 사골곰탕으로 만드는 떡만둣국

설날이 기다려지는 이유 중에 하나가 떡만둣국. 자주 먹는 음식이 아니어서인지
난 떡만둣국을 무척 좋아한다. 자취할 때도 언제나 냉장고 속엔 떡국 떡이 자리 잡고 있었다.
하지만 혼자 먹기에는 진한 육수를 내기가 힘든 게 귀찮은 게 사실.
이럴 땐 시판용 곰탕을 이용해서 간단하게 떡과 만두를 넣고 한소끔 끓여준다.
깊은 국물 맛을 느끼며 순식간에 한 그릇 뚝딱!

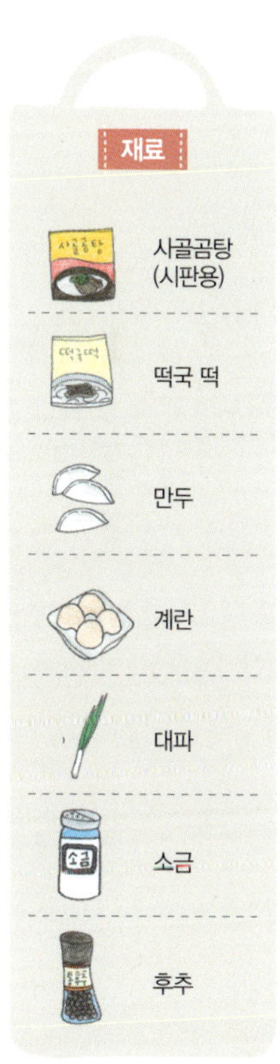

1 계란은 지단을 만들어 놓고 떡국떡은 찬 물에 10분 이상 담궈 놓는다.

2 냄비에 시판용 곰탕 국물과 만두, 떡을 넣고 한소끔 끓어준다. 모자란 간은 소금과 후추로 해준다.

3 계란 지단과 다진 대파를 곁들인다.

4 완성!

BON APPETIT

영화 〈줄리&줄리아〉의
크림소스 치킨스테이크

인생에서 나만의 레시피를 찾는 것만큼

중요한 건 없다. 내 삶을 즐겁게 만들어주는

레시피는 사람마다 다른 법!

즐거운 이 순간을 맛보세요! Bon Appetit!

크림소스 치킨스테이크

크림소스만 있으면 간편하게 만들 수 있는 크림소스 치킨스테이크.
크림소스의 느끼함을 담백한 닭고기와 상큼한 미니 토마토가 잡아준다.
급하게 손님이 오거나 특별한 기념일 날, 간편하게 만들 수 있는 양식 요리.

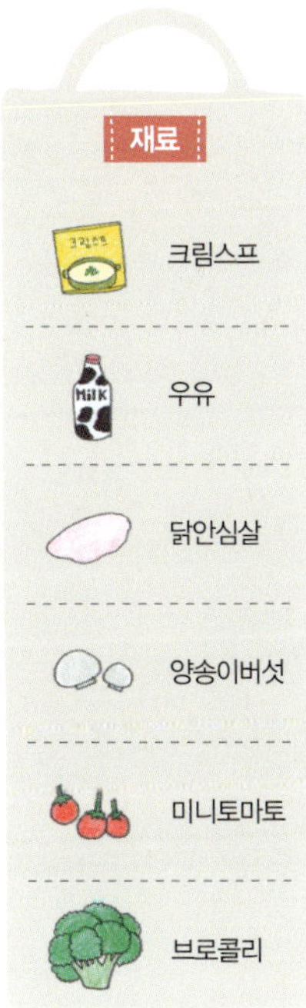

1. 기름을 두른 팬에 닭안심살을 구운 다음 그릇에 담아 놓는다.

2. 슬라이스한 양송이 버섯과 브로콜리를 팬에 살짝 볶아 준다.

3. 우유와 크림스프를 넣고 뭉치지 않게 저어가며 소스를 만든다.

4. 닭고기 위에 소스를 붓고 미니 토마토를 올려준다.

5. 완성!

🥣 너무 쉬운 그림 요리책

배고플 때 만나

초판 1쇄 발행 2013년 12월 20일

지은이 김미주
사진 민천원
펴낸이 이지은
펴낸곳 팜파스
진행 이진아
편집 정은아
디자인 올디자인
마케팅 정우룡
인쇄 (주)미광원색사

출판등록 2002년 12월 30일 제10-2536호
주소 서울시 마포구 서교동 404-26 팜파스빌딩 2층
대표전화 02-335-3681
팩스 02-335-3743
홈페이지 www.pampasbook.com | blog.naver.com/pampasbook
이메일 pampas@pampasbook.com | pampasbook@naver.com

값 13,000원
ISBN 978-89-98537-31-9 13590

「이 도서의 국립중앙도서관 출판시도서목록(CIP)은 서지정보유통지원시스템
홈페이지(http://seoji.nl.go.kr)와 국가자료공동목록시스템(http://www.nl.go.kr/kolisnet)에서
이용하실 수 있습니다.(CIP제어번호: CIP2013023337)」